青少年精神心理学丛书

从理解到引导，帮助孩子应对焦虑

北京市海淀区心理康复医院　编著

知识产权出版社
全国百佳图书出版单位
—北京—

图书在版编目（CIP）数据

从理解到引导，帮助孩子应对焦虑 / 北京市海淀区心理康复医院编著 . —北京：知识产权出版社，2025.6. —（故事里的精神心理学丛书）. — ISBN 978-7-5130-9823-6

Ⅰ. B842.6-49

中国国家版本馆 CIP 数据核字第 2025213N1D 号

责任编辑：刘林波
责任校对：潘凤越
责任印制：刘译文
封面设计：智兴设计室·索晓青
版式设计：智兴设计室·华御翔
插图提供：星火映画·鄢丽艳　牛志行　孙佳缘
供图说明：本书插图采用 AI 技术辅助创作

故事里的精神心理学丛书

从理解到引导，帮助孩子应对焦虑
北京市海淀区心理康复医院　编著

出版发行：知识产权出版社有限责任公司	网　　址：http://www.ipph.cn
社　　址：北京市海淀区气象路 50 号院	邮　　编：100081
责编电话：010-82000860 转 8787	责编邮箱：liumuuu@qq.com
发行电话：010-82000860 转 8101/8102	发行传真：010-82000893/82005070/82000270
印　　刷：天津嘉恒印务有限公司	经　　销：新华书店、各大网上书店及相关专业书店
开　　本：787mm×1092mm 1/16	印　　张：4.75
版　　次：2025 年 6 月第 1 版	印　　次：2025 年 6 月第 1 次印刷
字　　数：72 千字	定　　价：39.00 元
ISBN 978-7-5130-9823-6	

出版权专有　侵权必究

如有印装质量问题，本社负责调换。

编委会

丛书主编：李文秀

丛书副主编：何　锐　谢兴伟

本书主编：梁　茵　付晨光　王　慧

本书编委：常正姣　李　阳　孙　辉

　　　　　盛笑莹　杨环宇　杨　娜

　　　　　张　冲　赵子涵

丛 书 序

儿童青少年时期是孩子身心发育的关键阶段。在这个阶段，孩子们如同蓬勃生长的树苗，快速拔节。生理上，他们体内激素水平发生着剧烈变化，大脑也处于迅猛发育之中，神经元不断建立新的连接，神经环路逐步塑造完善；同时，他们的心理状态也发生着巨变，认知方式逐渐从具象向抽象过渡，自我意识开始觉醒并迅速发展，情感世界日益丰富却又缺乏足够的调节能力；此外，在社交方面，他们开始尝试摆脱对家庭的依赖，试图融入同伴群体中。

这个阶段，无论对孩子还是家庭，都充满了挑战。2024年联合国儿童基金会发布的青少年心理健康报告中指出，据估算，全球超过14%的10~19岁儿童青少年患有世界卫生组织定义的精神疾病（约每7名儿童青少年中有1人），约4.4%的10~14岁儿童和5.5%的15~19岁青少年患有焦虑症；约1.4%的10~14岁儿童和3.5%的15~19岁青少年患有抑郁症。2021年首个中国少年儿童精神疾病患病率的流调报告显示，我国儿童青少年整体精神障碍流行率为17.5%。从精神疾病的首发年龄分析，50%的精神疾病首次发病于14岁之前。

因此，帮助家长和教师理解、辨别以及有效处理孩子的精神心理问题刻不容缓。过往诸多关于儿童青少年心理养育的书籍，往往侧重于心理学知识的传授，虽为家长构建了一定的知识框架，然而，家长在实际生活中，面对孩子复杂多变的情绪与行为时，依旧常常感到迷茫无措。

从理解到引导，帮助孩子应对焦虑

　　本丛书独树一帜地精准聚焦于儿童青少年精神疾病的早期识别与筛查。每一个案例都是一扇窗，透过它，家长得以窥视到那些细微却关键的早期信号，帮助家长在疾病初萌之时，采取有效的干预措施。

　　每册书中精心整理的诊疗案例，从常见的情绪障碍到较为隐匿的发展性问题，涵盖了广泛的精神疾病类型。每个案例不仅深入剖析了疾病的外在表现，更追溯其根源，将晦涩的医学知识转化为通俗易懂的家长指南。通过这些案例，家长能够学会如何从孩子的日常行为、言语交流、情绪变化等方面捕捉到不寻常的蛛丝马迹。

　　本丛书强调实战性与实用性，为家长提供了有力支持，助力他们成为孩子心灵的最佳守护者。愿每一位翻开此书的家长，都能从中汲取智慧与力量，为孩子的精神苗圃引来春日与暖阳。

王　刚

首都医科大学附属北京安定医院院长

前　言

随着本丛书中《心有千千结：全景解读孩子的焦虑》的发布，大家一起走进了儿童和青少年的焦虑世界，我们通过一系列生动的案例，揭示了焦虑怎样在孩子心中像一个隐形的"怪兽"般潜行，深入分析了焦虑障碍的多种类型，展现了青少年焦虑的复杂全貌。然而，理解和识别焦虑仅是帮助孩子的第一步。

现在，关于焦虑的第二册《从理解到引导，帮助孩子应对焦虑》来了。这本书更注重实际操作，专注于解答一个核心问题：在深入了解孩子的内心世界后，如何有效引导他们，帮助他们解开心中的"千千结"？

在"家长篇"，我们准备了一系列富有启发性的建议和指导，包括在日常生活中识别并应对孩子焦虑的技巧、处理孩子身体症状的正确方法，以及应对各种焦虑障碍和营造支持性家庭环境的可行方案。这部分内容将成为家长育儿过程中的得力助手。

在"教师篇"，我们聚焦于学校环境中的焦虑问题，探讨了焦虑在学校里的表现形式、焦虑如何影响学生在学校的表现（包括注意力不集中、课堂参与少、学习障碍和社交回避等），并提供了一系列识别和辅助焦虑学生的实用策略。这部分内容将为教育工作者提供宝贵的应对方法。

在"焦虑的治疗"部分，我们介绍了治疗焦虑障碍的多种方法，包括心理干预技巧和药物治疗知识。这部分内容全面而深入，旨在为面对焦虑挑战的家长、教师以及青少年提供全方位的支持。

这本书不仅是对《心有千千结：全景解读孩子的焦虑》的深入延伸，更是一份全面的实用指南，致力于为面对焦虑挑战的家长和教师提供帮助，愿本书成为指引孩子走出焦虑阴霾的明灯。期待大家在阅读本书的过程中，不仅能获得知识和技能，更能感受到帮助孩子成长的喜悦和满足。

从理解到引导，帮助孩子应对焦虑

第一部分 家长篇   1

冷静养娃   2
- 正念的力量   3
- 了解焦虑的触发因素   4
- 成为心理坚强的榜样   5
- 如何向孩子解释大人的焦虑   6
- 与孩子共同制定策略   7
- 认识自我界限   8
- 找到支持系统   8

何时要引起警惕   9

如何应对孩子出现的身体症状   10
- 检查身体和确认情绪感受   12
- 避免这些行为   12
- 帮助孩子放松与应对焦虑的技巧   13
- 家长的角色至关重要   14
- 家校医合作   16

如何帮助患有焦虑障碍的孩子   16
- 与黏人的孩子道别——应对分离焦虑障碍   16
- 学会自我镇定很重要——应对特定恐怖症   22
- 学会不尴尬——应对社交焦虑障碍   29

第二部分 教师篇   35

焦虑症在学校里的表现形式   37

焦虑如何影响学生在学校的表现   38
- 坐立不安的学生   38
- 不愿上学的学生   39
- "失控"的学生   39

不能回答课堂提问的学生	41
经常去医务室的学生	41
偏科的学生	42
不交作业的学生	44
回避社交的学生	44
帮助学生应对焦虑的建议	**45**

第三部分 焦虑的治疗 … 47

心理干预 … 48
- 挑战不良思维 … 48
- 帮助孩子理解和纠正认知扭曲 … 54
- 认知行为治疗 … 55
- 借助正念的力量 … 60

药物治疗 … 61
- 药物在焦虑治疗中的作用 … 62
- 超适应症用药 … 62
- 用于治疗焦虑的药物类型 … 63
- 对于焦虑儿童的最佳治疗方案 … 63

参考文献 … 65

第一部分

家长篇

从理解到引导，帮助孩子应对焦虑

冷静养娃

阳光明媚的下午，公园里，瑶瑶和妈妈正欢快地玩耍。瑶瑶好奇地观察着一只毛毛虫爬过她的手背，眼中充满了好奇和兴奋，当她举起手给妈妈看时，妈妈尖叫起来，脸上露出了恐惧，这立刻让瑶瑶的兴奋变成了害怕，因为从妈妈的反应中，她看到了一个信号："虫子是不安全的。"

孩子对待压力的方式，很大程度上会受到父母的影响。他们会向父母学习如何解读和应对不确定的情境。如果父母常常处于焦虑的状态，孩子可能会感觉很多事情都充满了威胁。研究指出，长时间处于焦虑状态的父母可能会培养出更易焦虑的孩子，这与遗传和行为、学习都有关系。

然而，我们总会在意料之外的时刻感受到压力和焦虑。在这种情况下，首先要明白，不要自责。焦虑虽难控制，但可以缓解。

更重要的是，我们有能力选择不将这种焦虑传递给孩子。这需要我们有效地管理自己的情绪，并教会孩子面对自己的情绪。对于易于焦虑的孩子，早点学习有效的应对策略会很有帮助。

正念的力量

在忙碌的生活中，面对各种压力，我们常常会不知不觉地传递焦虑和不安给孩子。想象一下，你虽然在和孩子玩耍，但心中却盘旋着工作、家务等琐事，那种不安的情绪就像无形的链条，束缚了你和孩子之间的情感交流。

当焦虑袭来，我们容易为那些未知的、未来可能出现的问题所困扰，仿佛置身在一个充满"如果"的迷宫中。但其实，我们完全有能力打破这种束缚，让心灵回归当下。

正念，这个简单而又奇妙的技巧，能帮我们重新连接到此刻的感受，驾驭内心的风暴。以下是两种常见的正念技巧：

- **肌肉紧缩**：从脚趾开始，选择一个肌肉群并将其紧缩；数到五，松开，注意你的身体发生了什么变化。重复这个练习，并尝试在身体的其他部位做同样的练习。

- **腹式呼吸**：一只手放在肚子上，另一只手放在胸口。慢慢地吸气到肚子里，感受肚子像充气的气球一样膨胀，然后缓慢呼气，感受肚子像气球一样放气。

每天为自己留出一点时间，练习正念，让这成为你的日常习惯。你会发现，你能更从容地面对生活中的那些关键时刻，心境也会更加宁静。

从理解到引导，帮助孩子应对焦虑

了解焦虑的触发因素

焦虑，是每个人都可能会遇到的情绪体验。对于家长和老师来说，了解自身焦虑的触发因素并采取适当的应对策略，不仅能帮助自己更好地面对生活的压力，还能为孩子树立一个积极的榜样。

- **认清焦虑的根源**：有时候，我们的焦虑是由特定的环境或信息引发的。例如，每当身体出现不适时，你是否马上上网查找相关症状，并受其影响，越来越担心自己的健康？频繁查阅网络健康信息可能会加剧你的焦虑。或者，你是否经常阅读一些负面的新闻和社交媒体内容？这也可能增加你的心理压力。了解这些习惯，并适当调整，对维护心理健康非常有帮助。

- **建立有益的生活习惯**：为了避免不必要的焦虑，我们可以为自己设定一些健康的生活习惯。例如，适量减少每天在社交媒体上的停留时间，或避免在晚上阅读可能引发不安的新闻。这些小小的改变，都有助于我们远离焦虑的触发源。

如果焦虑感太强烈，难以自己控制，那么寻求专业心理健康指导人员的帮助是很有必要的。

成为心理坚强的榜样

孩子常常从周围成年人的行为中吸取经验，学习如何应对和处理情感。家长在面对焦虑时展现出的应对策略和态度，对孩子的情感教育有着深远的影响。当家长能够有效地管理自己的情绪时，就为孩子展示了一个健康的情感处理模式，这不仅有助于孩子学习如何积极应对压力，还可以帮助他们建立起健康的心理应对机制。

如果家长掌握了一些有效的压力管理策略，当孩子感到焦虑时，家长就可以分享这些策略，并陪孩子一起实践。例如，在面对压力时，尝试引导孩子进行理性思考，询问孩子："我知道这让你害怕，但这件事情变得很糟糕的可能性是多少呢？"

无论在何种情况下，家长都应该在孩子面前尽量保持冷静和中立的态度，这样可以为孩子营造一个稳定的情感环境。要注意自己的面部表情、用词选择以及情感的表达强度，因为孩子总是在观察着。他们就像一块海绵，吸收着周围的所有信息。

从理解到引导，帮助孩子应对焦虑

如何向孩子解释大人的焦虑

当家长感到焦虑时，他们通常不希望孩子看到这些情绪。但事实上，隐藏情绪并非总是最佳选择。让孩子偶尔看到家长如何面对压力，也是可以的，甚至是有益的。关键在于，当这种情况发生时，家长应该向孩子解释这些情绪的起因。

例如，某位家长因为担心孩子上学迟到而情绪激动。在事情平息后，家长可以跟孩子分享："还记得今天早上我为何会显得那么焦躁吗？因为我担心你上学迟到，那一刻我选择了用提高嗓门的方式来应对。但是，还有许多其他的方式可以处理这种情况。或许我们可以一起思考一个更好的计划，确保你早上能准时出门。"

以这样的方式来讨论焦虑，可以帮助孩子理解：每个人都可能面临压力，重要的是如何应对压力。如果家长始终掩盖自己的情绪，可能会让孩子误以为不该表达情绪，也无法学会应对情绪的方法。这种共同讨论焦虑的沟通方式能帮助孩子认识到，他们有权去体验、表达这些情感，并学习如何健康地应对。

与孩子共同制定策略

面对某些特定的压力触发因素（压力源），提前制定策略是一个有效的应对方法，家长可以与孩子共同参与这个过程。这不仅有助于增强孩子的责任感，还能够促进亲子间的沟通与合作。

例如，您每天都为了让孩子按时睡觉而倍感压力，那么不妨与孩子共同探讨如何平稳度过睡前的过渡时段。比如，可以约定一种奖励制度，如果孩子按时入睡，就对他/她做出奖励。

当孩子看到家长能够通过制定策略来应对特定的压力源时，就会学到，面对压力并不是无解的，而是有方法和策略来应对的。

然而，这些方法在使用时需要加以斟酌。如果家长在日常生活中同时面对多个方面的压力源，就要避免将应对焦虑的整体责任转移给孩子。

从理解到引导，帮助孩子应对焦虑

认识自我界限

在面对潜在的压力源时，预先设定自己的界限并做出调整可以帮助家长避免在孩子面前表现出过多的焦虑。以送孩子上学为例，如果这个场景让家长感到有压力，可以考虑让其他家庭成员或值得信赖的朋友帮忙完成送学任务。这是为了避免家长在孩子面前表现出过多的不安或慌乱，毕竟我们不希望孩子误以为上学是父母的累赘。

总之，当家长在孩子面前感到不安或焦虑时，最好的策略是给自己一些时间和空间进行放松和休息。一位母亲分享了她在面对焦虑时的应对方法：她会给自己一些独处的时间，做一些有助于缓解压力的事情。她曾提到："我随时准备着一份应对恐慌的清单，上面列出了一些即时的应对方法，如散步、喝茶、泡澡，或仅仅是走到户外呼吸一下新鲜空气。"她坚信焦虑终会过去，关键在于在焦虑强烈时保持冷静，等待情绪自然平复。

找到支持系统

养育孩子的同时应对自身的心理健康问题确实具有挑战性，所幸，现代社会为家长提供了众多资源和支持。博客、论坛等社交媒体上充满相关信息和社群。此外，生活中的人也能成为宝贵的支撑，例如心理咨询师、家人或亲密的朋友，他们在关键时刻能够提供实际帮助或情感支持。

何时要引起警惕

孩子的担忧是常见的。无论是面对黑暗、面对新学校，还是面对身体上的小变化（如长痘痘），孩子都可能感到困扰。然而，某些孩子的焦虑程度明显高于同龄人。看到孩子深受焦虑之苦固然心痛，但我们更需要判断他们是否真的需要外部帮助。

正常的担忧与真正的焦虑障碍之间的差别，主要在于焦虑的深度和持续性。短暂的焦虑（如面对考试的紧张），是每个人成长中的自然反应。但如果这种焦虑持续干扰孩子的日常生活，或使他们回避许多同龄人喜爱的活动，那么这种焦虑可能已经升级为疾病。以下是焦虑障碍和普通焦虑的区别。

- **不切实际的担忧**：例如，有的女孩尽管并未与他人发生亲密接触，但她过度担忧自己是否怀孕，这种担忧脱离了实际情况。

- **不成比例的焦虑**：对于未来的某一事件，例如期末考试，有的孩子可能会过早地表现出不安，甚至夜不能寐，哪怕这个考试实际上还非常遥远。

- **强烈的自我意识**：有的孩子在日常生活中对一些小事过于敏感。例如，他们可能会害怕在餐厅点餐，因为担心自己说错话或做出让人尴尬的举动。

- **情绪难以控制**：有的孩子可能会因为分离而持续哭泣，他们深深地担忧，如果与母亲分离，母亲会遭遇危险。

- **持久的焦虑影响**：在特定经历后，出现某些焦虑症状是正常的，大多数孩子能够逐渐从中恢复。然而，有些孩子可能会持续地受到影响，例如，经常做关于那次经历的噩梦。

- **过度回避**：有的孩子会因为对某事的担忧而完全避免参与。例如，受邀参加简单的生日聚会时，由于对气球爆炸的恐惧，而选择完全不参加。对于家长来说，当孩子的无法控制的担忧和恐惧逐渐影响孩子乃至整个家庭的生活时，便是寻求帮助之时。

辨识孩子的焦虑是第一步，然后如何帮助他们克服呢？通过认知行为疗法（CBT），视情况辅以药物治疗，孩子们的焦虑状况可以得到显著改善。

从理解到引导，帮助孩子应对焦虑

如何应对孩子出现的身体症状

孩子时不时地头痛或胃痛，可能是因为前一晚休息不足或吃得太多。但如果这些症状频繁出现，可能是他们身心承受着焦虑的表现。有些孩子上学前胃痛，数学测验当天头痛，生日聚会前紧张，或足球赛前呕吐。这些症状可能成为家长首次察觉孩子焦虑的线索，而这些孩子可能并不知道自己正在经历焦虑。

事实上，许多小朋友可能并不能清晰地表达出自己的焦虑之感，但他们的身体会"诚实"地表达出来。焦虑与多种身体症状有关，如头痛、恶心、呕吐、腹泻、心跳加速、颤抖和出汗等。当大脑感知到潜在的威胁时，这些症状就可能作为身体的"战斗或逃跑"反应而显现。

当与孩子讨论这些焦虑性的症状时，医生通常会解释每个症状的成因。例如，"当你感到胃痛时，可能是因为你的身体正在为应对潜在的威胁做准备，此时，身体会优先确保血液流向关键部位，而暂时降低消化功能。"

这些症状并不真的代表身体生病了，它们更多地是身体对于潜在威胁的自然反应，即使这些威胁并不真实。对于孩子而言，他们的感受是真实的，而不是编造出来的。焦虑可能真的让他们感到疼痛。

孩子的这些身体症状，尽管与焦虑有关，但也都是真实的身体感受，值得我们认真对待。以下是一些建议的应对策略。

从理解到引导，帮助孩子应对焦虑

检查身体和确认情绪感受

当孩子在上学前或其他特定的压力情境下频繁出现身体症状时，家长首先应该帮助孩子进行身体健康检查。如果一切正常，那么接下来的目标就是帮助孩子认识到身体不适与内心的焦虑之间可能存在的联系。关键不是告诉孩子他们的身体没有问题，而是让他们理解，他们所面对的身体症状可能是因为内心的焦虑。我们可以帮助孩子认出并命名这种感觉，例如："你现在的这种感觉，是不是因为有点儿紧张或担心？"这有助于孩子逐渐认识到情绪和身体反应之间的关系。随着时间的推移，孩子们会开始认识到："哦，我之所以会这样，是因为我感觉有些紧张。"为孩子提供一些简单的放松技巧，可以帮助他们更好地掌控自己的情绪。

避免这些行为

在孩子面临焦虑时，家长的支持与指引是必不可少的。但同样，有些无意中的行为可能会起到反效果。以下是一些需要避免的情境。

● **不要让孩子回避他们所害怕的事物**：当孩子因为身体症状而回避某些活动（例如因为头痛或胃痛而想离开学校）时，这些回避行为虽然看似起到了保护作用，但长期回避可能加剧他们的焦虑。因为这样做，孩子无法真正学会面对和处理这些情况。相反，我们要传达给孩子一个积极的信息："我理解你现在很不舒服，也知道你觉得很痛苦，但我坚信你有足够的能力去面对它。"

● **避免给孩子提出诱导性问题**：当与孩子交流他们的担忧或情感时，家长最好避免提出带有引导性的问题，例如："你担心数学测试吗？"这样的问题可能会暗示我们期待他们有某种特定的感觉。为了鼓励孩子更自由、真实地分享感受，建议家长采用更开放的提问方式，例如："你对数学测试有什么看法或感觉？"这样可以营造轻松的氛围，使孩子更愿意分享真实的想法和情感。

帮助孩子放松与应对焦虑的技巧

以下是临床医生教给焦虑孩子的小策略，这些技术是从认知行为疗法和正念训练中提炼出来的，家长可以与孩子一起实践。

● 深呼吸练习：鼓励孩子进行深呼吸，特别是腹部呼吸。这不仅可以帮助他们放松身体，还可以放慢呼吸、降低心率和血压。这样的呼吸还能够缓解因焦虑造成的胃部紧张。

● 正念活动：与孩子一起进行一些简单的正念练习，例如观察周围的事物，听听周围的声音，帮助他们把注意力集中在当下，从而暂时脱离焦虑。

● 积极的自我肯定：引导孩子对自己说出积极的陈述，如："即使我现在害怕，我还是可以应对这种情况"或"我有能力面对我的焦虑"。

● 提前应对：教导孩子，当他们知道即将面临某个使他们感到焦虑的情境时，提前预见可能的反应，并想好如何应对。这样的预备可以帮助他们更有信心地面对挑战。

● 学会接受而非抗拒：当孩子因为焦虑感到不适时，告诉他们不必总是试图逃避或抗拒这种情绪，有时候，简单地承认并接受当下的感觉，平静地等待它过去，是更有助于他们长期应对的方法。

从理解到引导，帮助孩子应对焦虑

家长的角色至关重要

在对焦虑的孩子的支持和引导中，家长能起到至关重要的作用。当看到孩子处于困境中，家长的直觉常常是帮助他们避免那种情境。但长期地回避并不是解决问题的最佳方式。例如，孩子不想去学校或感觉身体不舒服时，如果经常让他们留在家中，那么这样的情况可能会逐渐增多，从而导致孩子更倾向于逃避外部环境。

为了帮助孩子更好地应对这些挑战，家长应当与孩子共同努力，找到一个平衡点：既要理解和关心孩子的感受，又要鼓励他们勇敢面对和克服焦虑。可以向孩子传达如下信息："我知道你现在觉得很难，感到身体不适，但这很可能是因为焦虑。你完全有能力去克服这一点。"

考虑建立一个奖励系统也是个很好的策略。当孩子努力并成功克服焦虑时，可以为他们提供正面的反馈和奖励。这种正面的强化可以极大地帮助孩子。

与孩子谈论身体不适的对话示例

孩子：妈妈，我今天又感到很难受，恶心、肚子痛，我不想去学校了。

家长：宝贝，我知道你最近经常这样，我们看过医生，他也说你身体是健康的。有没有什么事情让你心里不舒服或担心？

孩子：可能吧，我不知道，我就是感到很紧张，每次想到学校的事情，肚子就痛。

家长：我理解你的感受。但我们不能长期回避问题。你觉得我们可以一起找个方法来面对这种感觉吗？

孩子：但我真的很害怕，如果我在学校又感觉不舒服怎么办？

家长：首先，我知道你现在觉得很难，但这些感觉可能更多是因为焦虑而不是真的生病。其次，每一次你成功地面对这种情况，都是一次令人骄傲的成长，你会越来越强大。如果你愿意努力，晚上我们可以一起吃你最喜欢的冰激凌，当作对你努力的奖励。

孩子：真的吗？那如果我今天去学校并且努力克服这种感觉，晚上可以吃冰激凌吗？

家长：当然可以！记住，面对并克服这种焦虑是你的成长和进步。我会在这里支持你，帮助你。

孩子：好吧，我会努力的。谢谢妈妈。

从理解到引导，帮助孩子应对焦虑

家校医合作

当孩子出现因焦虑引发的身体不适时，重要的是家长与医生、学校医务人员、班主任及心理辅导老师多方协作制定策略，尽量减少孩子因此缺课的时间。例如，当孩子表示身体不适时，可以先给予短暂休息（如五分钟），随后鼓励其重新投入课堂。

一个重要的建议是，如果孩子表示感到恶心或不适，学校尽量不要立刻通知家长或让孩子提前离校，尤其在我们了解到这是因为焦虑所引起的情况下。因为孩子离开焦虑环境的时间越长，再次适应正常学习环境的难度就越大。

值得注意的是，这种身体反应在小学生中尤为常见。但随着年龄增长至青少年和成人阶段，他们的焦虑可能会以其他形式表现。

对于家长和老师来说，理解这一情况，保持紧密的合作，并配合医生的治疗，对于帮助孩子健康成长是至关重要的。

如何帮助患有焦虑障碍的孩子

焦虑在孩子的成长中是普遍存在的，但当这种焦虑发展成特定的分离焦虑障碍、恐怖症或社交焦虑障碍时，家长的引导和帮助变得尤为重要。以下建议可以帮助孩子应对和管理这些焦虑情况。

与黏人的孩子道别——应对分离焦虑障碍

孩子在不熟悉的环境中或与新朋友交往时出现的紧张和恐慌，常被称为"怕生"。这种情绪可能伴随孩子多年。随着他们日渐长大，这种情绪逐渐淡化，但值得注意的是，幼儿和学龄前儿童在与父母分离时，仍可能出现分离焦虑障碍。

例如，孩子可能会因为分离而哭泣，紧紧抱住父母，甚至发脾气。然而，随着时间的推移和重复的接触，大多数孩子会逐渐适应新环境。当他们在新地方做有趣的事情时，更容易放下心中的戒备，与人建立联系。

对家长和老师来说，理解这种焦虑并找到方法帮助孩子逐渐适应，是非常重要的。这不仅能减轻孩子的情绪压力，也有助于他们更好地融入环境，与他人建立和谐的关系。

● 告别的技巧

● 预先为孩子做好准备

在需要与孩子分离之前，明确告诉他们接下来会发生的情况。突出那些孩子可能会喜欢的事情，如与小伙伴嬉戏或品尝美味的生日蛋糕，都有助于让孩子看到事物的积极面。

更进一步的建议是，当告诉孩子分离的时间时，要尽量真实。如果需要离开五小时，就不应该告诉孩子只需要离开五分钟。建立信任是非常关键的。当家长的话与实际情况一致时，孩子会更加信任家长，并按照所描述的情景做出反应。这种信任一旦建立，长期来看，对孩子的心理健康和亲子关系都是有益的。

从理解到引导，帮助孩子应对焦虑

● 建立告别仪式，让分离更加温馨

仪式对孩子和大人都具有安定和安慰的作用。可以让孩子参与，共同拟定告别仪式，并形成习惯。这会让过程更加有趣，还能增加孩子的参与感。但需要注意，告别仪式要简短、不拖拉，以防孩子产生更多的不安。一个简单而又温馨的仪式，可以是给孩子一个深情的吻、一个温暖的拥抱，然后轻声对他们说："玩得愉快！"

● 练习分离

像很多其他技能一样，孩子需要通过反复实践来更好地习惯于分离。具体的方法取决于孩子的焦虑来源。例如，如果孩子不喜欢家里的大人离家，可以先从短时间离家开始，比如出去取快递或丢垃圾，让孩子逐渐感受和习惯短时间的分离。

随后，可以逐步延长分离的时间，例如，让孩子在朋友家玩耍，而大人则去附近的商店购物。循序渐进地帮助孩子适应分离是非常重要的，因为这种"分离练习"的小剂量方法可以增强孩子的自信，使他们感到每一次分离都是可以轻松应对的。从小培养这种习惯是一个有效的策略。

● 理解孩子的心声

当孩子觉得亲近的大人离开是一件可怕的事情时，我们不应该忽视或低估他们的感受。相反，应该让孩子知道我们理解并尊重他们的感受。同时，我们也可以给予他们一些适当的鼓励。

表达对孩子应对困难情境的信心是很重要的。因此，可以说些鼓励的话，如："我知道你对于明天上学感到有些害怕，这是可以理解的。但我相信，尽管这对你来说有挑战，你还是可以很好地应对。"

● 用奖励来强化勇气

为了激励孩子，我们可以设定目标，并让他们知道一旦达成这些目标，将有相应的奖励等待他们。例如，如果孩子能够顺利完成告别仪式，然后平静地进入教室，就可以得到一份小奖励。

这些奖励可以是实物或精神上的，无须过于昂贵。可以是一份孩子最爱的冰激凌，也可以是一张简单的贴纸。还可以提供无形奖励，如给予孩子平时不常享有的特别待遇，或是与家长或兄弟姐妹共度一段特殊的时光。

● 寻求外界支持，帮助孩子适应

老师和其他看护人员可以在孩子适应新环境的过程中发挥关键作用。他们可以通过鼓励的话语给予孩子正面的引导，例如："跟妈妈告别后，我口袋里有份小惊喜给你"或"进教室后，我希望你能帮我完成一项特别的任务"。

为孩子明确规矩和界限也是很重要的。明确指出哪些地方是面向家长开放的，哪些地方则不是，有助于降低焦虑。一些学校建议家长在校门口或教室外与孩子进行简短的告别。这样的约定能帮助孩子和家长了解即将发生的事情，使整个过渡过程更为流畅。

从理解到引导，帮助孩子应对焦虑

● 当孩子在家中黏人时该怎么办

在家中，一些孩子可能表现得特别依赖父母中的某一位，尤其是在需要与父母分开时。这种现象很常见，孩子可能会更倾向于与父母中的某一位亲近。有时，孩子可能更依赖常伴其左右的那一位看护人，但也可能更喜欢另一位。这种情况可能会引起家中某位成员的失落感，但要明白这只是孩子成长过程中的一个阶段。

面对这种情况，父母保持一致的立场很关键。例如，当孩子坚持要妈妈陪同洗澡时，爸爸可以解释："我知道你希望妈妈陪你，但今晚妈妈有些忙，今晚是爸爸陪你洗澡的时间。"而妈妈也应该坚决地支持这个决定："我明白你希望我陪伴，但今天爸爸会陪你。"

尽管被孩子"黏"的父母可能会因拒绝孩子而感到愧疚，尤其是他们实际上有能力满足孩子的需求时，但教育孩子学会适应分离是很重要的。同时，确保孩子能与父母中的另一位共度宝贵时光同样重要。

● 如何应对持续的分离焦虑障碍

如果孩子经过了长时间的适应，却仍难以与照顾者分离，他们面临的可能是超出普通情绪的分离焦虑问题。分离焦虑障碍是幼儿期间最常见的焦虑障碍。

在识别分离焦虑障碍时，精神心理专家会从以下三个主要角度进行评估。

● 程度

孩子体验的焦虑程度如何？患有分离焦虑障碍的孩子的焦虑感非常强烈。他们在分离时不只会流泪，还可能情绪失控，发出尖叫。在家中，这些孩子往往也表现出强烈的依恋，他们可能希望父母陪伴入睡，或当父母暂时离开时，他们需要有人陪伴在旁。例如，有的孩子需要从楼上取东西时，会因为父母在楼下而害怕单独上楼。

● 频次

这种情况是否总是如此？如果孩子几乎在每次分离时都展现出类似的高度焦虑，并且几周后仍无改观，这可能是一个警示。有些患有分离焦虑障碍的孩子，虽然暂时平静了下来，但短时间内会重新出现症状，因为他们会一直想念与他们分离的家人，停不下来。

从理解到引导，帮助孩子应对焦虑

● 影响

孩子的焦虑在何种程度上影响了他们的日常生活？当孩子的焦虑达到了影响正常行事的程度时，家长应该意识到孩子需要帮助。

● 管理与孩子分离时的自身情绪

当父母看到孩子不愿意分离或展现出强烈的依恋时，面临的挑战之一是如何处理自身的内疚和担忧。许多家长会不自觉地思考，是否是自己做错了什么，导致孩子感受到这样的痛苦。然而，需要认识到，焦虑本身并不是危险的，也不是有害的。它只是一种不舒服的感觉。正是在这样的情境中，我们有机会帮助孩子培养他们的应对技巧，以及教导他们如何在面对挑战时保持冷静和理智。

同时，父母也需要注意自己的感受。如果发现自己难以控制或管理自己的焦虑情绪，这正是回顾并实践个人应对技能的良机。

学会自我镇定很重要——应对特定恐怖症

孩子在成长过程中总会遭遇各种恐惧：突然靠近的狗、下雨天猛烈的雷声，或是"藏在衣柜里的怪物"，甚至夜晚临睡前的种种借口——"我还要五分钟！""我想再喝一杯水！"——都只是为了逃避独自进入那黑暗的卧室。这些看似普通的恐惧，如果不能及时得到理解和引导，有可能演变成特定恐怖症。特定恐怖症不仅会影响孩子的日常生活，还可能影响他们的心理健康，甚至可能持续到成年后。

面对孩子的这些恐惧，作为父母，我们的第一反应往往是马上安慰他们："床下是空的，放心吧！"但事实上，我们要明白，过度的保护与安慰并不总是最好的办法。每次都这样帮孩子排忧解难，并不是最佳选择。我们要教会孩子如何独立应对恐惧，这样才能真正培养他们的自信和独立性，使他们在现在和未来都感到更有掌控力，减少恐惧感。

● 培养孩子的勇气与自我调节能力

在孩子的成长过程中,他们难免会遇到一些令人害怕的情境。例如,走进一个黑暗的房间时,很多成年人虽然会瞬间感到恐惧,但能很快安抚自己的情绪,并确信黑暗里没有藏着什么可怕的东西;但孩子面对这样的情境时,可能需要更长的时间和更多的支持。

实际上,这些"小事"可以为孩子提供宝贵的学习机会,培养他们的"自我调节"能力。"自我调节"是指一个人在处理情感和行为时,能够健康、积极地自我控制和管理的能力。这不仅可以帮助他们平复情绪,还能让他们在面对挑战时保持冷静,不轻易做出冲动的决定。

而对于家长来说,看到孩子害怕或困惑时,首先需要调整自己的心态。直觉可能会告诉我们,应该立即去安慰孩子(尤其当我们知道解决方法时)。但如果我们总是这样做,孩子会失去独立处理问题的机会。因此,我们应该鼓励孩子去尝试、去探索,让他们学会如何勇敢地面对和处理自己的情感,这样他们长大后会更加独立和有韧性。

从理解到引导，帮助孩子应对焦虑

案例故事

小明的树上冒险

在一个阳光明媚的周末，小明和他的妈妈来到了郊外。他们看到一棵很大的树，有很多孩子正在攀爬，玩得很开心。

小明兴奋地说："妈妈，我也想上去玩，但我怕摔下来。"

妈妈轻轻地笑了笑："小明，你还记得你第一次尝试骑自行车时，也像现在一样害怕吗？但后来你不是学会了吗？"

小明想了想，点点头："是的，那一天开始我摔了几次，但后来我就可以自己骑了。"

妈妈接着说："其实，每个人都会有害怕的时候，甚至大人也是。当我们面对困难时，可以学会控制自己的恐惧，鼓励自己向前。比如说，当我晚上走进黑暗的房间时，我也会感到害怕，但我会告诉自己，里面没有什么可怕的。"

小明好奇地问："那我现在应该怎么做？"

妈妈鼓励他说："你可以先爬上树的低处，当你觉得适应了，再尝试爬得更高一些。你每次尝试后，都会变得更勇敢一点。"

小明坚定地说："好，妈妈，我要试试看！"

● 如何帮助孩子克服恐惧

当我们说要帮助孩子克服恐惧时,并不意味着要突然撤回所有的支持(比如突然把孩子放在黑暗的卧室里,然后说:"再见!要勇敢!明天见!"),相反,为孩子提供必要的支持是关键,应当温和地引导孩子,直到他们准备好独立应对。

● 与孩子谈论什么让他害怕

当孩子害怕某样东西时,他们可能并不能清晰地表达出原因。此时,具体的提问能够让他们更好地阐述自己的感受。例如,孩子害怕狗,可以询问:"是哪一点让你觉得狗很可怕?""是不是有狗曾经吓到你或者冲撞过你?""是否有某一只狗特别让你感到害怕?"这样,当了解到孩子真正害怕的原因后,便可以更有针对性地帮助他们。

● 了解常见的童年恐惧

孩子在成长过程中可能会产生一系列恐惧。了解这些常见的恐惧,有助于家长更好地为他们提供支持。常见的例子包括:一个人独处;黑暗;狗或其他大型动物;虫子;高处;打针或去看医生;不熟悉或大的声音;想象中的怪物——床底下的"东西";等等。

● 理解与引导

当了解到孩子的恐惧时,我们首先要确保他们感到自己的情感被重视和认可。当孩子表示某件事情很可怕时,尽管很多成年人可能不会觉得那事情有多可怕,但此时最重要的是承认并尊重他们的感受,应避免贬低或轻视他

从理解到引导，帮助孩子应对焦虑

们的情感（例如说："那有什么好怕的？"）。更好的回应方式是："看起来这真的让你很害怕"或"我知道有很多孩子都会对此感到担忧"。

给予孩子安慰后，不要停留在那一刻太久。尽量避免长时间地进行过多的安慰，因为这可能会导致孩子过分依赖。反之，应该和他们一起探讨如何勇敢面对，以及如何自我调节这种恐惧感。

● 制订计划

与孩子一起制定合理的目标。例如，他们希望你在他们入睡之前留在房间里，你可以同意陪他们一个星期，并告诉他们，一个星期后，他们要尝试独自入睡。

一旦制定了目标，就要讨论具体的步骤。比如，针对孩子不愿独自入睡的问题，可以制订这样的计划：第一晚，你为他们读两本书，然后关掉房间的主灯，打开夜灯，静静地坐在床边（不要陪他们说话或玩耍），直到他们入睡再离开；第二晚，你为他们读一本书，然后关掉主灯，打开夜灯，离开房间（但不要远离），关上门（但留一条门缝）；第三晚，你读一本书，然后关上主灯，打开夜灯，关上门，离开房间；第四晚，你读一本书，然后关灯、关门，离开房间。在讨论计划的过程中，要有耐心。

● 提供鼓励，并保持耐心

父母需要明白，改变习惯或克服恐惧都需要一段时间，尤其是面对强烈的情感时。在此过程中，一致性和耐心是关键。当孩子展现出勇气或尝试面对恐惧时，应当给予他们肯定："在房间里独自待了半个小时真的很了不起。我们明天试试能不能待得更久！"

表达你对孩子的信心是很重要的。告诉他们"你真的很棒！"或"你太勇敢了！"这样的鼓励可以增强孩子的自信。要知道，孩子可能需要多次的尝试和练习来逐步适应和学习。所以，即使你们很努力地培养他们的勇气，孩子仍然可能会表示害怕或回避某些情境，但关键是要坚持鼓励，持续引导他们。

● 并不是所有的恐惧都需要干预

在孩子的成长过程中,常常会面对各种恐惧,如害怕黑暗或担心看医生。然而,面对孩子的恐惧,需明确并不是所有恐惧都需要同等对待。

有些恐惧并不影响孩子的正常生活,例如不喜欢看恐怖电影。这类恐惧其实也反映了孩子的自我认知——他们了解自己的喜好,并为此设立了界限。

但当恐惧过于强烈,或开始干扰孩子的日常生活时,家长和老师就需要加以关注。以下是一些可能提示恐惧背后有更深层次问题的迹象。

● 持续焦虑:孩子过分关注他们所害怕的对象,即使没有明显的触发因素,也显得特别焦虑,如对几个月后的看牙医行程产生不安。

● 恐惧制约生活:由于某些恐惧,孩子拒绝参与某些活动,例如因为在公园里遇到狗而不敢参加学校的户外活动。

● 恐惧造成伤害:某些强烈的、特定的恐惧引发了实际的损害。

● 其他焦虑症状:如突然的惊恐发作、强迫行为、退缩或破坏性行为。

当孩子出现上述情况时,建议和精神心理专业人士沟通,为孩子提供更专业的帮助与指导。

从理解到引导，帮助孩子应对焦虑

● 帮助害怕去看医生的孩子

很多孩子都对看医生感到恐惧，这种恐惧其实是对未知的担忧和紧张，所以，让孩子了解并期待就诊流程可以显著地缓解这种恐惧，使就诊过程变得轻松而顺利。当孩子在医生面前显得非常害怕，甚至大哭大闹时，家长如何帮助孩子呢？以下方法能为家长们提供一些帮助，使就诊体验更愉快。

● 详细告知孩子看医生时的流程

可以这样告诉孩子："张医生会先帮你测一测身高，接着……"而且，信息要真实透明。突如其来的打针对于没有做好心理预期的孩子来说，会增加不安感。为了减轻孩子的紧张，可以提前让他们带上喜欢的游戏或书籍，在候诊时用来消磨时间。此外，预先策划好看医生后的小奖励，也能给孩子增添期待和动力。

● 鼓励孩子说出他们的疑问和感受

可以这样和孩子沟通："我们一起想想，明天看医生时都会发生些什么。如果有什么让你担心或害怕的，告诉我，我们可以一起想办法。"确保孩子知道，他们的顾虑和担忧都是被重视的。也可以让他们理解，有时候，大人也会对看医生感到些许紧张，这是很正常的感受。

● 避免将个人焦虑传递给孩子

在与孩子共同面对医疗流程时，保持冷静和积极的态度，避免因为个人的焦虑而影响到孩子。如有需要，可在孩子不在场时与医生进行单独交流。

预约时，可以和医生提及哪些方式能使孩子保持平静，以及哪些方式效果不佳。可以这样和医生沟通："上次他特别喜欢当你的小助手，这次还可以那样做吗？"或"他可能不太喜欢直接接触听诊器，我们这次可以试试其他方式吗？"多次尝试后，孩子会在看医生时逐渐适应和放松。

学会不尴尬——应对社交焦虑障碍

对于许多成人而言，偶尔的尴尬只是生活中的小插曲——尽管会引起短暂的不适，但总能很快释怀。然而，对于孩子来说，这样的尴尬时刻可能造成极大的心理压力。某些在成人看来不过是小事的情境，如课堂上的错误回答，对孩子而言，可能是一个沉重的心理负担。

若孩子在人际交往中长时间未能妥善处理这种尴尬，他们可能面临更大的风险，即发展成社交焦虑障碍。尽管我们无法让孩子完全避免尴尬，但我们可以引导并支持他们，帮助他们建立应对尴尬的韧性和自信。

从理解到引导，帮助孩子应对焦虑

● 如何帮助孩子应对尴尬

● 树立榜样

孩子往往从父母身上学习如何应对尴尬和其他复杂情感。父母在家中的应对方式，很可能影响到孩子如何看待和处理尴尬。作为家长，我们的行为和态度为孩子提供了一个生动的示范，所以，我们如何处理自己的尴尬，实际上就是间接地教导孩子如何处理。

● 不过度执着于过去

有时候，我们可能会因为自己的一些失误而过于自责，比如："我怎么会犯这种低级错误？"或"真是羞愧到家了！"若长时间沉浸于这种情绪中，孩子也可能模仿这种对待自己的方式。

● 心平气和地面对

当遇到尴尬情况时，如果我们失去冷静，甚至因此大发雷霆或者表现得烦躁不安，孩子可能会误认为尴尬是非常严重的事情。

● 避免讥讽

孩子在成长过程中，难免会有些有趣或出乎我们预料的举动。然而，即使他们犯了一些小错误或有些令人尴尬的表现，也不应当成为我们取笑的对象。当孩子因为一些小事被取笑时，他们很可能会把这些小失误与深深的羞愧和自我怀疑联系起来。而且，有时即使是那些我们认为温和的笑话，对于一个敏感的孩子来说，也可能成为沉重的负担。

● 真心对待孩子的每一次尴尬

我们可能常常会淡化孩子的尴尬经历，告诉他们"没那么严重"或"大家都会遭遇这样的事"，但对于那些正在经历强烈的尴尬，并且确实为此沮丧的孩子来说，这样的劝解可能会让他们感到自己的情感被忽略了。

对孩子而言，没有所谓的"小尴尬"。某些看起来微乎其微的事情（例如在课堂上回答得不恰当），对他们来说，可能是一个沉重的打击。

当孩子为某些事情感到尴尬时，哪怕那些事情在我们成人看来只是些小事，但作为家长和亲人，我们应该给予他们足够的关心和理解。

● 不要反应过度

当孩子心情低落回家时，家长们需要理解，孩子不一定期望我们因此采取某些行动。例如说："这真令人难过！"或"那些孩子真不应该嘲笑你！"

有些内向的孩子，可能会因为担心家长过于担忧或把尴尬的事情放大，而选择不与家长分享心事。

作为家长，我们需要细心观察，同时给予适当的空间。既关心孩子，又不让孩子感到压力。这说起来容易，做起来难，需要我们用心去平衡，更多地去了解和理解孩子的真实想法。

● 肯定孩子的坚韧与勇气

当孩子与你分享他们的尴尬经历时，首先要理解并确认他们的感受，但不要过度安慰。相反，应当鼓励并夸奖他们面对挑战时展现出的积极态度。例如，孩子在钢琴独奏会上出了小差错，但还是完成了演奏，你可以对他们面临失误却仍然坚持到底的行为作出肯定。这种正面的引导会帮助孩子看到事情的另一面，培养他们的自我调节和思考能力。你可以这样说："今天发生的事，很容易让人感到沮丧。我知道你感觉很尴尬，但我为你的处理方式感到自豪。当表演出现意外时，你仍然能继续演奏，真是很勇敢，你真的做得很好。"

● 换位思考，为孩子开启视野

小李在体育课上跌倒了，其他小朋友笑了。在他的心里，仿佛全世界的人都在看着他、嘲笑他，他们永远不会忘掉他的失败。

我们都知道，实际情况并非如此。但是，孩子（尤其是年幼的孩子）遇到尴尬时，通常都沉浸在自己的感受中，觉得自己成了众人的焦点，认为大家都很关心这件事。而实际上，第二天大家可能就已经忘记了。

教会孩子站在更宽广的角度看待自己的经历，可以帮助他们培养更好的心理素质。可以尝试以下方法。

从理解到引导，帮助孩子应对焦虑

- **解读**：鼓励孩子进行自我反思，从元认知的角度去理解自己的感受。你可以问他，他有没有见过其他小朋友在课上跌倒，那时他有什么感受？学会从更大的背景中看待自己的经历，可以帮助孩子更理性地看待尴尬的情境。

- **分享**：与孩子分享自己的经历也是一个好方法。"就在前几天，妈妈在超市里掉了包包，里面的东西都掉了出来。刚开始大家都笑了，但后来很多人都走过来帮忙。"

- **非对比性鼓励**：与孩子分享经验的时候，尽量避免用其他人的经历与孩子作直接比较，如"现在这样你就觉得糟糕呀，你哥哥在你这个年纪的时候……"，这可能会让孩子觉得他们的感受被忽视，而感到更加沮丧。

- **让孩子来决定**：是否要深入探讨他的尴尬。虽然引导孩子分享感受是有帮助的，但如果孩子不愿意，也不要强迫。尴尬是一种强烈的感受，有时，孩子只需要一些时间和空间来消化自己的感受。

通过换位思考和深入交流，帮助孩子建立更加宽广的视野，不仅可以帮助他们走出尴尬的阴影，还可以培养他们的自我认知，为他们未来的人生打下坚实的基础。

● 什么时候应该出手帮助孩子

遭遇尴尬的事情是人生中的常态，但如果你发现孩子从学校返回后持续心情低落，或者行为和情绪有明显的改变，可能暗示孩子正面临某些更深层次的问题。以下信号出现时，家长最好主动向孩子提供帮助。

- **遭受霸凌**：虽然孩子们之间偶尔的玩笑过头不能说明什么，但如果出现了持续的嘲笑和排挤，是不应被容忍的。如果你的孩子总是说起自己被其他孩子（如比他更大或"更受欢迎"的孩子）嘲笑、羞辱、排挤，这有可能是他受到霸凌的信号，需要家长及时介入。

- **行为和情绪的长期改变**：偶尔因为尴尬的事情而沮丧是可以理解的，但如果孩子一直情绪低落、失眠、食欲下降，或者变得过度焦虑，就需要家长的重视。

- **对尴尬事件的过度反应**：如果孩子对于某一次的尴尬事件的反应特别强烈，或是长时间不能从中恢复，表明他可能需要更多的支持和帮助。
- **逃避行为**：大多数经历过尴尬的孩子都会在接下来的一段时间内犹豫是否要返回尴尬事件发生的课堂或社交团体，这种短时间的回避很正常，但如果孩子持续回避，就需要引起家长的警觉。孩子典型的回避迹象包括：经常感觉生病以至于不能上学，总是在特定课程中感觉不舒服而要求去看医生，总是找借口避免见朋友、逃课、放弃课外活动或拒绝上学，等等。

从理解到引导，帮助孩子应对焦虑

- **尴尬和社交焦虑障碍**

有些孩子不仅仅是偶尔感到尴尬，而是害怕社交中的每一个小差错。如果孩子持续地担忧他人如何评价自己（即使周遭并没有明显的压力），这很可能表现出他们正在受到社交焦虑障碍的困扰。

社交焦虑障碍往往在孩子步入青春期时出现，但也有些孩子更早地受此困扰。这些孩子对参与日常活动感到恐慌，他们时刻在意他人的眼光，生怕自己出了错。这种担忧让他们每次社交时都如同踏入雷区，使得他们在学校和与朋友的互动中都建立了一道心理的屏障。

幸运的是，对于受社交焦虑障碍困扰的孩子，及时的认知行为疗法可以帮助他们走出阴影，恢复正常的生活轨迹。

尽管我们总希望孩子能在一个舒适的环境中成长，但真正的成长往往来自勇敢面对和克服困难。在孩子的成长过程中，适当的引导和支持比过度的保护更为关键。我们需要教会他们如何应对和解决问题，让他们在未来的生活中更加自信。

第二部分

教师篇

从理解到引导，帮助孩子应对焦虑

在学校，孩子们可能因焦虑而遭遇许多困扰，但这些情况往往容易被忽视。有时候，我们会误将焦虑的表现当作胃痛、行为异常、多动症或是学习障碍来看待。事实上，学校里的焦虑有多种多样的形式。

当孩子们表现得坐立不安或注意力无法集中时，作为老师的我们可能会误认为这些是多动症的表现，其实背后很可能是焦虑在作祟。有些孩子在暑假或寒假结束后对于返回学校显得特别抗拒，或是在教室里经常发怒或经常重复提问，这些都可能是焦虑导致的。

有的孩子很想在课堂上积极参与，但每当被点名时就显得特别紧张，还有一些孩子对自己的作业要求过高，甚至因为追求完美而选择不提交。这时，老师可能会误解为他们对学习不上心或者有学习障碍。还有一些在学习上确实存在困难的孩子，在被诊断为学习障碍之前，可能已经积累了大量的焦虑感。

焦虑不仅影响心理，还会反映在身体上。经常焦虑的孩子可能会频繁出现头痛、胃痛等症状。有时，当他们焦虑感达到高峰时，还会出现呼吸不畅或心跳过速的情况，甚至需要去学校医务室。

老师作为孩子们的第二位"守护者"，应留意这些征兆，对这些孩子给予关心与支持。

焦虑症在学校里的表现形式

在学校中，有些焦虑的症状可能一目了然，如孩子在考试前的紧张不安。但有时，这些焦虑的表现可能会被掩盖，转化为胃痛、过激或暴躁的行为，或是多动现象，甚至可能被误解为学习障碍。所有这些焦虑表现的共同特点是它们会"对大脑形成束缚"，对孩子的注意力、记忆力和学习效率产生负面影响，导致受其困扰的孩子在学校的表现受到严重影响。

常见的焦虑症在学校里的表现形式有以下几种。

● 分离焦虑障碍

他们害怕与亲人分开，整个学日对他们来说可能都充满了困境。

小 A 每次进入教室时总是眼含泪水。她始终坐在靠窗的位置，只为了能随时寻找妈妈的身影。每次课间，她都会跑到校门口，期盼妈妈突然出现。

● 选择性缄默症

在特定情境，如在老师面前，他们难以开口。

在家里，小 B 会与父母分享学校里发生的事情，到了学校后，他却始终对老师保持沉默，一句话也不说。老师常常鼓励他分享自己的感受，但小 B 从不说话，一直低着头默默地听着。

● 社交焦虑障碍

因为强烈的自我意识，这些孩子在课堂互动和与同学的交往中感到困难。

小 C 在班级里很少与同学交往。每当被老师提问或被要求与同学合作时，他都会显得尤为紧张，避免与他人目光接触，总是选择独自完成任务，害怕被嘲笑或评价。

● 特定恐怖症

他们对某些事物，如动物或风暴，有着过度且非理性的恐惧。

每次游泳课，小 D 都会找各种理由请假。她对水有着难以言喻的恐惧，尽管她也希望像其他孩子一样自由畅游，但那份恐惧让她退缩。

从理解到引导，帮助孩子应对焦虑

● **广泛性焦虑障碍**

他们对日常的各种小事都感到不安，特别是过度关心自己的学业表现，常常因完美主义而感到痛苦。

小E经常为小事发愁。如果明天要交作业，他会反复检查十遍，害怕出错。对于任何即将发生的事情，他都过度担忧，害怕达不到完美，害怕让人失望。

● **强迫症**

他们的脑海中不断涌现不必要的、令人不安的念头。为了缓解这种焦虑，他们会不自觉地执行某些固定动作，如反复数数或洗手。

小F每次进教室都要按照特定的步数走到自己的位置。他的手经常都是湿的，因为他会反复洗手，担心自己沾染上细菌，而且每次洗手都必须重复三遍。

对于老师和学校工作人员来说，了解这些焦虑相关症状的特征及其可能的成因非常关键，有助于为学生提供更有针对性的关怀与支持。

焦虑如何影响学生在学校的表现

坐立不安的学生

当孩子坐不住、易受干扰时，我们首先会联想到"多动症"。但实际上，焦虑可能是背后的"真凶"。在教室中，孩子若受到焦虑的困扰，就很难全心投入课堂，总是被各种担忧所干扰。外界看来，他们就像是注意力无法集中，而实质上，这种状态是由焦虑触发的。

有时，您可能会注意到，某个孩子在课堂上的某一刻表现得非常"活跃"或"好动"，仿佛充满了活力和好奇心。然而，令人意外的是，在短时间内，这种活跃的状态可能会迅速转变，孩子会突然变得沉默、消沉，甚至显得有些失落。这种情况并不是他们故意为之，而是他们内心的焦虑所致。

孩子的这种突如其来的情绪变化，往往与他们内心所面对的焦虑感有关。例如，他们可能对某个难题或课程内容充满了好奇和兴趣，这使得他们在一段时间内变得非常活跃。但当他们觉得自己不够好或担心被同学嘲笑时,内心的焦虑感就会升起,导致他们突然显得沉默和消沉。

对于老师来说,理解和识别孩子因焦虑引起的情绪变化至关重要。这可以帮助老师更好地理解他们的需求,从而为他们提供适当的支持和引导。

不愿上学的学生

有时候,我们可能会误解某些孩子"逃学"的行为,认为他们是故意不愿上学。但实际上,对于那些因学校而产生焦虑情绪的孩子来说,他们对学校的拒绝,反映了内心的恐惧和不安。特别是在假期过后或生病复学时,他们对学校的恐惧感会加剧,因为经过一段时间的间隔,他们会感到重新融入学校生活更为困难。

此外,那些对父母过度依赖的孩子,上学时常常面临分离的挑战。孩子因与父母分离而感到不安和担心是正常的,但如果这种焦虑情绪长时间持续,并且影响到他们的日常生活,使他们对上学产生恐惧或逃避,那就需要我们特别关注和干预了。

患有分离焦虑障碍的孩子们常常希望能够随时与父母联系,为此,他们可能会频繁地使用手机或其他通信工具。这不仅是为了与父母保持联系,更是为了获得心理上的安慰和依赖。

因此,作为老师,我们需要深入了解每个孩子背后的情感需求,不应仅从表面行为去评判,而要从心理层面给予理解和支持,帮助他们克服焦虑,更好地融入学校生活。

"失控"的学生

在日常教学中,我们常常会遇到一些孩子的行为看似"叛逆"或"失控"。例如,有的学生会不自觉地踢前座的椅子,还有些学生在课堂进度出现细微偏差或同学们没有完全按照规定行事时,他们就会突然发怒。这些看似难以理解的行为,很可能是由孩子内心的焦虑所致。

焦虑的孩子可能会显得特别"啰唆",频繁提问,有时甚至重复同样的问题。

从理解到引导，帮助孩子应对焦虑

他们这样做并不是因为不懂，而是源于他们内心的不安和担忧，渴望得到更多的确认感和安慰。

此外，焦虑情绪也可能让孩子变得充满攻击性。当他们感到内心压抑或在面对困境不知如何应对时，他们"战斗或逃跑"的本能可能会被激活。此时，有些孩子更倾向于选择"战斗"。这就解释了为何有的学生在课堂上会突然对同学发起攻击，或向老师投掷物品，甚至情绪失控时推翻桌椅。他们这样做，并不是真的想伤害别人，而是因为内心的焦虑情绪让他们感到失控，迫切需要通过某种方式来宣泄。

因此，作为老师，对待这些表现出行为失常的孩子，除了规范和引导，更重要的是去理解和关心他们背后的心理需求，帮助其找到更健康的方式来处理内心的焦虑。

不能回答课堂提问的学生

我们经常在教学过程中观察到，一些孩子在笔试或作业中的表现相当出色，但当需要在众人面前发言或回答问题时，他们则显得格外紧张和害羞。

这种情况的背后，很可能是孩子的焦虑情绪在作祟。例如，经验丰富的老师常常发现，那些活跃好动、渴望参与讨论的孩子，会主动与老师进行眼神交流，好像在说："老师，选我，选我！"但那些对于公众场合发言感到焦虑的孩子，往往会避免与老师的眼神接触，他们可能会低头看书，或者低头"假装"写东西，以此避免被提问，从而减轻自己的焦虑感。

当这些孩子真的被点名提问时，他们可能会因为焦虑而"僵硬"，即使知道答案，过度的紧张和焦虑也会让他们难以当场回答。

对于老师来说，理解这种背后的情绪原因是很重要的。在教学过程中，我们不仅要关注孩子的学业成绩，还要关心他们的心理健康。对于这些感到焦虑的孩子，我们可以给予他们更多的鼓励和支持，逐步帮助他们建立自信，从容应对课堂中的提问和挑战。

经常去医务室的学生

我们在日常教学中可能会发现，一些孩子频繁地前往医务室，声称自己

从理解到引导，帮助孩子应对焦虑

常常出现一些身体上的不适。这其中，除了生理上的原因，还可能有心理原因——尤其是焦虑——在作祟。

例如，有些孩子会经常头疼、胃痛，甚至有时会有恶心或呕吐的感觉，而当医生为其体检时，却发现他们的身体并无大碍。此外，他们可能还会出现心跳加速、手心出汗、肌肉紧绷，甚至呼吸急促的反应，这些都可能是焦虑的身体反应。

作为老师，我们需要深入观察和了解。当孩子在课堂或课间经常提出去医务室的请求，而身体检查又没有明显的问题时，我们应该考虑孩子是否存在心理上的压力和困扰，及时与心理辅导老师或家长沟通，为孩子提供必要的心理支持和帮助，以确保他们的身心健康。

偏科的学生

在教学过程中，老师们可能会发现有的学生在某门学科上存在困难，学习效果明显不如其他学科。在这种情况下，孩子可能开始怀疑自己在这门学科上的能力，导致他们出现了焦虑情绪，这种焦虑情绪进一步影响了他们在这门学科上的学习和表现。

有时，我们会很自然地想到这是否是学习障碍的表现。但实际上，很多时候，孩子们的困难并不是由学习障碍引起的，而是焦虑在起作用。因为他们害怕在这门课上失败，所以产生了紧张和担忧的情绪。

但这并不意味着焦虑和学习障碍是互斥的。在某些情况下，两者是可以并存的。例如，当孩子发现自己在某门课上比同龄人更加吃力，开始感到自己落后了，这时的焦虑情绪是可以理解的。就像下面故事里的小梅同学，对于那些真正遇到学习困难的孩子，在得到正式的学习障碍诊断之前，他们往往会因为自己的问题而倍感焦虑。

因此，作为老师，我们在面对学生学习上的困难时，需要更加细心地去观察和了解，避免简单地下结论，帮助学生克服焦虑，找到学习的方法和动力。

案例故事

小梅自小就很喜欢听故事，口头表达能力也很强。然而进入小学后，家长和老师发现她在读写方面遇到了很大的问题。

当其他同学能够流畅地阅读课文时，小梅却常常卡在某个词上，她会反复读，而且经常把字认错，例如将"狗"读成"猪"。写字时，她的笔画经常乱了套，甚至有时会把字写反。例如，她可能会把"部"写成"陪"。

家庭作业对于小梅来说是个巨大的挑战。每当需要书写时，她都会感到特别累，因为写一个简单的句子对她来说需要花费很长的时间。她也经常忘记字的写法，即使是她已经学过很多次的字。

起初，老师和家长以为小梅不够努力或者容易分心。但随着时间的推移，他们逐渐意识到，小梅在读写方面的困难远超常人，这与她的努力程度无关。

后来，学校建议小梅进行专业评估，结果显示她患有读写障碍。得知这个结果，小梅的家长感到既震惊又宽慰——震惊的是他们此前没有意识到小梅有这种困难，宽慰的是终于找到了问题的根源。

从此，小梅开始接受特殊教育支持，她学习了许多策略和技巧来应对读写障碍。虽然她在读写方面仍然需要付出更多努力，但在老师和家长的支持和鼓励下，小梅逐渐建立起了自信，她明白自己在其他方面也有很多优点。

从理解到引导，帮助孩子应对焦虑

不交作业的学生

有时，我们发现学生不交作业，不仅仅是因为他懒得做，更可能是因为他担心做得不够完美。有些焦虑的孩子会反复修改作业，最后纸张都被擦出小洞，因为他们害怕自己的答案不对。在我们的文化中，我们常常鼓励人们追求完美，但如果孩子因为对自己要求过高而导致对学业失去信心，那这种完美主义就变得不再健康。

此外，我们或许已经观察到，有些孩子在考试前的准备过程中，要比其他同龄人更早进入焦虑状态，他们时常会为了某个小细节而忧心忡忡。甚至可能因为某个作业、某个科目或整体学习环境而产生恐惧感。作为老师，我们需要更深入地理解和关注他们背后的情感和心理变化，帮助他们建立正确认知，从而缓解其学业压力。

回避社交的学生

我们可能会注意到，有些孩子在课堂活动或社交场合中显得特别低调，避免参与。他们不只是害怕上台做演讲这样的高压情境，可能连体育课的活动、食堂的聚餐时光或者团队协作这样的日常活动，他们都显得有些回避。

老师们往往会认为这些孩子是对某些活动不感兴趣或者表现能力较弱，但真相是，他们可能正是因为极度关心、在乎而感到害怕，害怕出错，害怕受到评价。在他们的心中，不参与活动可能是最安全的选择，因为这样就不会犯错，不会被别人评价。

对于这部分焦虑的孩子，如果老师能够避开其他人，单独与他们交谈，会让他们更放松，更容易表达自己真正的想法和知识。因此，为这些孩子创造一个更加包容、安全的沟通环境，有助于引导他们走出心理的阴影，更好地展现自己。

帮助学生应对焦虑的建议

与学生建立深厚的关系并深入了解他们的真实处境，是我们作为教育工作者的首要任务。当我们深入分析孩子某种行为背后的成因，特别是那些诱发焦虑的因素时，我们便可以为他们提供应对策略，帮助他们避免情绪崩溃。

从理解到引导，帮助孩子应对焦虑

例如，简单的呼吸练习和转移注意力等方法，都可以有效帮助孩子保持冷静。

在这广阔的教育天地中，我们每一位老师都是孩子成长道路上的守护星。每当我们真心去了解孩子焦虑背后的原因，不再轻易将其行为归咎为故意的对抗，我们的教育之路就会更加清晰。

孩子们的内心世界远比我们所能想象的还要丰富多彩。焦虑或许只是其中的一个方面，而背后可能还隐藏着更多的故事和情感。这就是为什么，为了更好地理解和帮助他们，我们需要进行深入、细致的评估。除了与家长交流，我们还可以广泛地听取其他与孩子有直接接触的人（如同事老师、心理辅导老师等）的意见和反馈。

与此同时，与家长和医生的沟通和合作也尤为重要。这样，我们可以确保从多个角度了解孩子，更有效地为他们提供支持。

第三部分

焦虑的治疗

从理解到引导，帮助孩子应对焦虑

心理干预

挑战不良思维

面对生活中的压力和挑战，许多孩子可能会陷入所谓的"认知扭曲"中，这是一种具有负面偏向的思维方式。他们可能容易对自己过于苛责，对小事大做文章，或误读他人的意思。为孩子纠正这些思维误区，不仅可以帮助他们塑造更健康的心态，还能提升他们的自信和自尊。

例如，一个孩子没有收到某个同学的生日派对邀请，他可能会认为所有同学都不喜欢他；或者，当他在学校表演时漏掉一句台词，他可能会误认为这一失误毁掉了整场表演。

这种思维模式，虽然往往并不客观，但对孩子的情感、行为甚至对世界的认知都可能产生不利影响。这就是心理学上所称的"认知扭曲"，也有人称其为"认知误区"或"思维陷阱"。

其实，所有人的思维都不同程度地存在认知扭曲，但当这种思维持续并深入时，它可能会对孩子的心理健康带来不良影响。事实上，许多遭受心理困扰的人都常常存在这种思维误区。

在认知行为疗法中，孩子会被教授如何识别和挑战那些可能让他们感觉不良的思维误区并从中受益。

- **非黑即白的思维：忽视中间地带**

定义：这种思维方式强调极端，总是将事物划分为仅有的两类，即"好"与"坏"，而忽略了中间的灰色地带。这种思维模式会让人觉得，如果事情没有完全按照预期进行，那么它就是彻头彻尾的失败，因此，自己要么做到最好，要么就一无是处。

案例：一个孩子可能会这样想："我没能进入心仪的学校，我的未来一片黯淡"或者"如果这次考试我没有得到满分，那我就等于一事无成"。

给家长和老师的建议：了解这种思维方式对孩子的影响是十分重要的。

家长和老师可以帮助孩子认识到，成功与否并非非黑即白，生活中有很多灰色地带。我们可以鼓励孩子看到事物的多个方面，让他们学会接受并珍惜生活中的每一个小进步。

● 情感推理：情感即事实

定义：这是一种完全根据自己的情感而做出判断的思维方式。这种思维模式会让人认为，只要自己感受到某种情感，那么由它所推理出的观点就是真实的，哪怕客观事实并不支持这种推理。

案例：一个孩子可能会这样想："我觉得自己很孤单，那么肯定是因为没有人喜欢我"或者"我对坐电梯感到害怕，那么电梯一定是个危险的地方"。

给家长和老师的建议：对于孩子来说，情感推理经常被当作现实。家长和老师应该帮助他们分辨情感推理和事实之间的差异。通过与孩子沟通，了解他们的真实想法和情感，帮助他们认识到，虽然情感是真实的，但我们并不能通过情感推理出事实的真相。我们可以教导孩子审视自己的情感，并用事实来验证或挑战这些情感。这样，孩子就可以更加理性地看待自己的情感，不再让情感完全掌控他们的思维和行为。

● 过度泛化：拿小事作标尺

定义：这是一种基于一次不如意的经历就对整体情况下定论的思维方式。这种思维模式会让人将一个小的、负面的事件放大，并将其泛化为生活中的普遍规律，认为这就是整个生活的写照。

案例：一个孩子可能会这样想："这个小朋友今天不想和我玩，说明大家都不喜欢我"或者"我今天的化学实验没做好，说明我肯定什么都做不好"。

给家长和老师的建议：孩子在成长过程中会遇到许多失败和挫折，但这些都是成长的一部分。家长和老师需要帮助孩子理解，不能因为一次失败就否定自己的全部。我们应该鼓励孩子看到每一次经历背后的教训，学会全面看待事物，而不是仅纠结于一次的失误。通过与孩子分享生活中的小故事，告诉他们每个人都有不完美的时候，关键是如何从中吸取经验，并继续前行。

从理解到引导，帮助孩子应对焦虑

● 标签化：刻板印象

定义：这种思维方式是给自己或他人戴上负面的"帽子"或标签。一旦孩子用这样的方式去评价别人，他可能会忽略或低估那个人背后的多元性和潜力，导致他对自己或他人的评价过于单一和刻板。

案例：一个孩子在球场上摔倒时，他可能会这样想："我真是个笨手笨脚的人"；或者，因为在某次讨论中缺乏发言，他可能会觉得："我肯定是个无趣的人"。

给家长和老师的建议：孩子在成长过程中可能会因为一次不如意的经历而对自己产生负面的评价。家长和老师需要帮助他们理解，这只是生活中的一次小小经历，不应被用来定义自己的全部。应该教育孩子看到自己和他人的不同面，避免用单一的标签来定义自己或他人。鼓励孩子欣赏每个人的独特之处，提醒他们每个人都会有犯错和失败的时候，关键是要善于总结、反思并不断成长。

● 预言未来：先入为主

定义：这种思维方式是基于自己的主观感受，对未来的事情过早下定论，并且通常偏向悲观。这样的预设心态可能会影响个人的行为选择，甚至使原先的担忧成为现实。

案例：一个孩子在考试前可能会想："我肯定考不好。"由于这种悲观的预期，他可能会感到焦虑，从而导致考试时表现不佳。或者，一个孩子可能会想："如果我邀请他们出来玩，他们肯定不会答应"，因此，他可能放弃邀请，失去了与他人建立更深厚友情的机会。

给家长和老师的建议：孩子在成长过程中可能会出现过度预测的情况，特别是在面对未知或不确定的情境时。作为家长和老师，我们应该鼓励孩子保持开放的心态，不要过早地为事情下结论。可以和孩子一起探讨不同的可能性，让他们明白事情有很多可能的结果。同时，我们还可以教导孩子如何管理自己的情绪，以及如何在面对压力和挑战时保持冷静和自信，更好地应对各种情境。

● 读心术：臆断的误区

定义：这是一种主观臆测他人想法的思维方式，而这种臆测通常倾向于对自己不利的解释。持这种思维的孩子常常自认为能"读懂"他人的内心，但实际上他们的推断可能并不准确。

案例：孩子可能看到其他孩子在小组讨论中没有积极与他互动，就认为："他们一定不喜欢我。"实际上，其他孩子可能只是当天心情不佳，或者对某个问题有自己的考虑。

给家长和老师的建议：孩子经常因为缺乏经验或自信而倾向于误读他人的意图。家长和老师应该引导他们认识到，人们的行为受多种因素影响，不应简单地解读。我们可以鼓励孩子保持开放心态，主动与人交流，了解他人的真实想法，而不是仅凭猜测。

● 灾难化：过度夸张

定义：这种思维方式会让孩子将某个小问题或负面事件放大处理，因而视其为难以克服的巨大障碍。

案例：例如，一个孩子可能会担忧即将到来的学校活动："这次运动会我一定会出丑"或者"如果我这次作业没有得满分，那我肯定会受到大家的嘲笑"。

给家长和老师的建议：为了帮助孩子摆脱这种思维陷阱，家长和老师可以和孩子一起反思过去的经历，找出那些原本令人担忧但最终结果并不坏的情况，让孩子明白事情往往没有想象的那么糟糕。另外，也可以教导孩子如何正视问题，分析事情的真实可能性，而不是过度夸大。这样，孩子就可以更加理性地看待问题，更加从容地面对挑战。

● 否定积极的事物：小瞧好事

定义：这是一种倾向于忽视积极经验和成果，把好的事情归因为外部原因或简单的运气的思维方式。

从理解到引导，帮助孩子应对焦虑

案例：一个孩子在数学考试中得了高分，但他说："这次考试题目很简单，与其说我考得好，不如说是题目太容易了"；或者他得到同学的夸奖时认为："她只是在说好话鼓励我而已，不是真的欣赏我"。

给家长和老师的建议：我们应该教导孩子肯定自己的努力和成果，鼓励他们看到自己的优秀，让他们了解，承认自己的优点和成功不是自恋或自大的表现，而是建立自信的重要步骤。

● **心理过滤：只盯着"绊脚石"**

定义：这是一种倾向于只关注经验中的负面信息，而忽视积极或中立的信息的思维模式。这样的思维方式可能会导致一个人在自我评价和对事物的认知中产生不必要的负面情绪。

案例：一个孩子在学校比赛中赢得了二等奖，但他只专注于自己为什么没能赢得第一名，而忽视了自己其实已经做得很好。或者，一个学生在课堂上发言，说了很多引人深思的观点，但他的心里只纠结于一个不够流利的句子。

给家长和老师的建议：当孩子陷入这种心理过滤的思维模式时，家长和老师应该帮助他们认识到事物的全貌。帮助孩子意识到，我们的经历中不仅仅有"绊脚石"，还有很多值得欣赏和回味的"风景"。当孩子过于执着于某一失败或疏忽时，引导他们重新看待整个事件，发现其中的亮点和进步。这样，我们就可以帮助孩子建立更加健康、正面的思维模式，帮助他们在生活中过得更轻松、更有信心。

● **个人化：过度关联**

定义：这种思维方式会让孩子在不必要的情况下把一切都与自己联系起来，认为无论事情是好还是坏，都是因为自己。

案例：家长之间有争执时，有的孩子可能会觉得："如果我表现得更好，他们就不会吵架了"；或者，在公共场所，有人不小心挡住了他的去路，他可能会觉得："那个人是故意的，他就是为了针对我"。

给家长和老师的建议：我们应该教导孩子理解，世界并不是围绕他们转的，不是所有的事情都与他们有关。通过对话和指导，我们可以帮助他们更加客观地看待生活中的事件，学会区分何时应该承担责任，何时应该放手。

● 命令式思维：遭受"应该"的困扰

定义：这是一种常用"应该""必须"或其他绝对性的词汇来设置自己或他人的标准和期望的思维方式。这种思维方式很容易导致失望和自我批评。

案例：有的孩子可能会想："我应该总是考第一名，否则我就是失败者"；或者，当他在体育比赛中失误，就会责怪自己："我怎么可以这样？我不应该犯这样的错误！"

给家长和老师的建议：我们需要帮助孩子理解，完美是不现实的。生活不可能始终满足所有的"应该"和"必须"。鼓励他们为自己设置实际可行的、有弹性的目标，并教他们接受"不完美是成长的一部分"。当他们遇到失败或错误时，我们应该鼓励他们从中学习，而不是沉溺于自我批评。

从理解到引导，帮助孩子应对焦虑

帮助孩子理解和纠正认知扭曲

认知行为疗法为孩子提供了一种方法，帮助他们认识、应对并改变他们的思维方式，使其朝着更健康和适应性的方向发展。在认知行为疗法的指导下，家长同样可以辅助孩子发现并缓和他们的认知偏差。

作为家长，要想更好地帮助孩子，首先需要从深入了解并纠正自身的认知偏见开始。在熟知各种认知扭曲后，尝试在日常思考中寻找这些潜在的偏见。例如，当孩子出现焦虑情况时，家长可能会下意识地将责任归咎于自身，觉得是教育方式出了问题，从而为自己贴上"失败的家长"这样的标签。

在强调认知扭曲的重要性时，应该采取一种无评价的态度。当一个人能够敏锐地察觉到自己的思维偏见时，自然也更容易协助他人识别他们的认知偏见。同时，当家长发现自己存在思维扭曲时，应该以一种轻松、不自责的态度接受并改正，同时鼓励孩子也应这样做。家长应当为孩子树立一个正面的榜样，让他们理解每个人都有可能犯思维上的失误。对待这些失误，我们应该保持警觉，并用宽容与理解的心态进行修正，这往往是解决问题的最佳方法。

为了更好地了解认知扭曲，可以为孩子准备一些学习卡片，这样大家可以相互测验。同时，网络上有许多关于认知扭曲的图解和海报可供参考，还有一些手机应用程序能够帮助用户识别和标记自己思维中可能存在的扭曲。

家长在与孩子一起学习和识别认知扭曲的过程中，保持轻松的态度是很重要的。即使是资深的治疗师，也应当避免轻易地告诉孩子他们的思维是"错误的"或"不合逻辑的"，因为这可能会让孩子感到自己的感受和想法被否定。有时，当我们深陷于自己的情感中时，确实很难客观地评估我们的思考方式。

然而，当孩子的认知扭曲过于严重，如他们的思维模式非常僵硬，经常持消极期望，或情感反应强烈到无法进行自我反思时，求助于精神心理健康专家将是一个明智的选择。

认知行为治疗

对于焦虑的孩子，我们常常会像对待成人一样，首先想到使用抗抑郁药来减轻他们的焦虑。但其实，许多人可能并不知道，对于这些焦虑的孩子，认知行为疗法同样能够起到很好的效果。特别是对于轻度到中度焦虑的孩子，专家更倾向于推荐认知行为疗法作为首选治疗方案。当然，对于重度焦虑的孩子，认知行为疗法和药物联合使用会是最佳选择。但认知行为疗法与药物不同的地方在于，它为孩子提供了一套面对焦虑的技巧和方法，让他们在今后的生活中也能更好地管理自己的情绪。

● 什么是认知行为疗法

认知行为疗法的基础理念是：我们的思维和行为都能影响我们的情感状态。换言之，如果我们调整那些不合理的思考模式 和行为习惯，就能够更好地控制自己的情绪。对于小孩子的焦虑问题，从认知行为疗法的行为调整方式入手可能会更为直接有效。

要深入了解认知行为疗法如何起作用，首先需要知道焦虑是怎么回事。如果焦虑长时间得不到治疗，它会逐渐恶化，因为孩子会误认为逃避是缓解焦虑的有效方式。但当孩子，甚至整个家庭，都在努力回避某些引发恐惧的

从理解到引导，帮助孩子应对焦虑

事物时，这些恐惧会变得更加顽固。而认知行为疗法，其实就是教孩子学会直面而非逃避的方法。

在认知行为疗法中，有一个专门针对焦虑孩子的核心技巧，叫作暴露疗法。这种疗法是让孩子在一个结构化、循序渐进的环境中去面对那些引起他们焦虑的事物。当他们逐渐习惯这些刺激时，焦虑的程度会逐步降低，从而锻炼起面对更大压力的能力。

暴露疗法与我们常说的传统谈话疗法有很大区别。在传统谈话疗法中，患者与治疗师会深入探讨焦虑的起因，希望通过了解和改变思考来调整行为。而在暴露疗法里，我们主要是通过直接改变行为来消解恐惧。

暴露疗法已被证实对各种焦虑症状都有很好的疗效，包括分离焦虑障碍、特定恐怖症、强迫障碍和社交障碍。

- **大脑里的"小淘气"**

在与患有焦虑障碍的孩子互动时,心理治疗师发现首先帮助这些孩子及其家长从焦虑情绪中抽身是非常有益的。这样,他们可以将这种情绪看作与他们的真实自我分离的东西。治疗师建议将这种焦虑比喻为"大脑里的小淘气",并鼓励孩子为它取一个形象的名字,这样他们可以更直接地与它互动。许多孩子为它起了有趣的名字,例如"小巫婆""调皮鬼""魔头"或"小丑"。这种创造性的命名方式往往能够帮助他们更好地面对和处理自己的情绪。通常,治疗师会告诉孩子,在接下来的治疗过程中,将和他们一起学习对付这个小淘气的方法,帮助他们学会如何掌控自己的焦虑,而不是被它所控制。

与此同时,治疗师也会努力帮助孩子了解焦虑如何具体地影响他们的日常生活。由于恐惧,他们可能无法进行某些活动,例如,不敢在自己的床上睡觉,不敢去朋友家,不敢和家人一起吃饭。让孩子了解焦虑的工作机制并在治疗中建立信任关系是至关重要的,因为下一步——正面应对恐惧——是要在这份信任的基础上进行的。

从理解到引导，帮助孩子应对焦虑

正如老话说的："唯有直面，才是解决之道。"暴露疗法就是这样一个工具，帮助孩子循序渐进地正视自己的恐惧。这样，他们可以学会忍受焦虑，直到它自然消退，而不是简单地寻求暂时的安慰、逃避或其他替代方式。

● 暴露疗法的运作原理

暴露疗法首先要识别出引发焦虑的触发点。治疗师与孩子共同创建一个"恐惧层次表"，这是一个从简单到复杂的任务清单。每一个任务都按照孩子的能力设计，可以逐步增强孩子的信心和能力。为了避免孩子们只看到极端情况，如"我不能碰那个东西"或"我害怕那个地方"，治疗师会引导他们思考不那么极端的情况。

例如，对于害怕高处的孩子，治疗师可能会问："你觉得站在椅子上怎么样？站在阳台上呢？"对于那些害怕蜘蛛的孩子，治疗师可能会问："画一只蜘蛛，对你来说有多困难？如果 1 分代表最低的困难等级，10 分代表最高的困难等级，你会为这件事的困难等级打几分？"如果画一只蜘蛛是 3 分的困难，那么看一只蜘蛛可能是 5 分的困难，观看蜘蛛爬行的视频可能是 7 分，

而直接触摸一只真实的蜘蛛可能是 9 分。最高难度可能是让一只真实的蜘蛛在他们的手上爬行。当孩子们为这些情境评分时，他们会发现某些情境比自己最初想象的要简单，也更易于处理。

接下来，治疗师会从最不会引发焦虑的情境开始，让孩子体验这些触发因素，并在整个过程中给予他们支持，直到他们的焦虑感逐渐消退。与所有情感一样，恐惧也会随时间而逐渐减少。当孩子感到焦虑减轻时，他们会有更强烈的掌控感和胜任感。

● 强化治疗

一般地，轻度到中度的焦虑症状需要 8~12 次治疗。对于焦虑症状严重的儿童，例如那些因为过分担心父母会有危险而不敢离开房间的孩子，或是因害怕污染而一天要洗手很多次的孩子，治疗师可能会安排每周多次的见面，每次持续数小时。最初，治疗都在诊所里进行，待孩子逐渐放松后，治疗活动会延伸到户外。

例如，对于有社交焦虑的孩子，治疗师可能会鼓励他们在公共场合进行简单的社交互动，或者做一些轻微出格但无害的行为以突破他们的心理防线。例如，可能会让他们戴上有趣的帽子，或是抱着毛绒玩具出门散步；对于害怕污染的孩子，可能会与他们一同乘坐公交，或者要求他们和陌生人握手后直接吃零食。

从理解到引导，帮助孩子应对焦虑

当孩子在暴露疗法中渐渐获得自信后，治疗师会布置一些家庭任务，让孩子们在日常治疗中练习，这样，孩子们在面对更大的挑战之前，就能逐渐掌握应对焦虑的实践技巧。同时，治疗师也会引导父母练习鼓励孩子去面对、忍受焦虑，而不是总是急于保护孩子远离这些不适。

有的孩子在接受治疗的同时也会使用药物来缓解症状，这样可以使他们更好地投入治疗。需要强调的是，暴露疗法对于孩子和他们的父母都是具有挑战性的。但随着恐惧逐渐减退，孩子会重新获得生活的乐趣，父母也会看到他们的孩子渐渐恢复，这无疑是治疗带来的巨大收获。

借助正念的力量

很多人对"正念"这个词汇可能已经不再陌生。许多人将其誉为现代瑜伽、解压的良方，甚至是药物的自然替代品。但真正的正念，究竟意味着什么？

● 什么是正念

乔·卡巴金（Jon Kabat-Zinn），被公认为正念减压疗法（MBSR）的奠基人，1979年开创了"正念减压课程"，他将正念描述为"以特定的方式集中注意力，要有目的、活在当下、不加评判"。它起源于冥想实践，通常以关注呼吸为起点，引导我们回到此刻，不被过去或未来困扰。

● 正念如何帮助儿童和青少年

儿童和青少年处于关键的成长阶段，他们可能会面临许多压力，如学业压力、社交压力和自身的身体变化。正念可以为他们提供帮助。

● 缓解焦虑和压力：通过专注于呼吸、感知当下的情绪，儿童和青少年可以学会如何在紧张和压力中找到内心的平静。

● 增强专注力：对于那些容易分心、冲动或面临特定挑战（如注意力缺陷多动障碍、抑郁、焦虑或自闭）的孩子，正念可以帮助他们培养专注的能力。

● 管理情绪：正念让孩子们感知并体验他们的情绪，不仅能让他们理解自己的感受，还能让他们学会如何回应这些情绪，而不是盲目地做出反应。

- **自我接受与成长**：正念鼓励孩子们接纳自己，这在充满挑战的青少年时期尤为重要。

如何将正念引入孩子的生活

将正念引入孩子的生活并不复杂。可以从简单的呼吸练习开始，例如专注于呼吸，感受胸腔的扩张和收缩，或是察觉呼吸之间短暂的停顿。这样的练习不仅可以帮助孩子放松，还可以教会他们专注、平静和自我调节。

正念是一种强大的工具，可以为儿童和青少年提供在这个快速变化的世界中所需要的平和与专注。引导孩子接触正念，是为他们的未来播下健康、平衡和有意识的种子。

药物治疗

治疗儿童焦虑症的药物体系颇为复杂，因为它们涵盖了不同的种类，且作用机制各异。有些药物最初的研发目的并不是治疗焦虑，所以其名称可能会导致误解。例如，一些最为有效的治疗焦虑的药物实际上是抗抑郁药，之所以这么命名，是因为它们最初主要是用来治疗抑郁症的。

部分抗焦虑药物，包括抗抑郁药，用于稳定儿童的整体情况，需要孩子们每日按时服用。而另一些则是针对特定的、可能导致强烈焦虑感的情境，只需偶尔使用。

某些药物的作用机理是通过增加大脑中的血清素（一个调控我们的情绪和焦虑的化学物质）水平，来帮助缓解焦虑；而其他的药物则可能作用于人体神经系统的其他途径，来减少焦虑导致的生理反应。

虽然焦虑症有许多不同的分类，但抗焦虑药物主要是缓解这些疾病共有的症状，如过度担忧、紧张、强迫行为和焦虑感。

药物在焦虑治疗中的作用

研究表明，对于焦虑最有效的治疗不是仅药物治疗，而是药物与认知行为疗法（CBT）的联合治疗。在 CBT 中，儿童能学习克服焦虑的技能，而不是屈服于焦虑，他们的焦虑会在几周内逐渐减轻。药物可以帮助极度焦虑的孩子以更好的状态参与治疗。

大多数专家建议，轻度至中度焦虑的儿童应首先接受 CBT 治疗。如果仅此不足以缓解他们的症状，可以再添加药物。但对于情况更严重的焦虑儿童，建议其在接受心理治疗的同时即开始服用药物，甚至在心理治疗开始前就用药，以帮助他们更好地参与心理治疗。

虽然单独使用药物的效果不如与 CBT 结合治疗时有效，但如果 CBT 对有儿童的家庭来说无法获得或不可行，也可以单独接受药物治疗。

药物也可能联合使用以治疗严重焦虑。例如，由于抗抑郁药不会立即生效，医生可能会添加第二种药物，用来帮助患者减轻在最初服药的几周中的焦虑。

超适应症用药

在中国，有些用于儿童焦虑治疗的药物并没有在官方药品说明书中标明这一适应症。但这并不意味着这些药物不安全、无效或未经深入研究。

当制药公司在国内研发新药时，需要证明该药物对于某个特定问题和特定患者群体（例如，成年人的抑郁症）是安全且有效的。但是，一旦药物获得了正式许可，它可能仍会被"超适应症"使用，也就是说，它可以用于未明确列在说明书中的其他疾病或不同年龄段的患者，如儿童的焦虑。

有时，制药公司选择不为某药物在其他疾病或年龄段上寻求正式许可，因为审批过程可能需要大量资金和时间。但其他研究机构和科学家可能已经对这些药物的不同应用进行了广泛研究，并在权威的、经同行评审的医学期刊上发表了他们的研究成果。例如，有关抗抑郁药物用于治疗儿童焦虑的应用。虽然这些药物在说明书中未明确列出该适应症，但已有大量研究证明了它们在治疗儿童焦虑上的安全性和有效性。

用于治疗焦虑的药物类型

焦虑症儿童通常适用的处方药有：

- SSRI 类抗抑郁药（如舍曲林、氟西汀、帕罗西汀、氟伏沙明、艾司西酞普兰）；
- SNRI 类抗抑郁药（如文拉法辛、度洛西汀）；
- 苯二氮䓬类抗焦虑药（如劳拉西泮）；
- 非典型抗精神病药（如利培酮、喹硫平、阿立哌唑）；
- α 激动剂（如可乐定）；
- 非典型抗焦虑药（如丁螺环酮）；
- 抗组胺药（如苯海拉明）。

对于焦虑儿童的最佳治疗方案

为焦虑的孩子选择合适的药物是关键，可以有效地帮助他们缓解困扰。对多数儿童而言，SSRI 类的抗抑郁药展现出了良好的效果。大部分孩子在开始用药的一两周内就能感受到症状的改善。这类药物不仅能够为孩子们带来持续的好转，而且其副作用也很少。当这类药物与心理疗法相结合时，治疗效果更为显著。因此，最佳的焦虑治疗方法是结合抗抑郁药与认知行为疗法。

但令人遗憾的是，有时孩子会被误诊并被错误地开具抗焦虑药。焦虑的

从理解到引导，帮助孩子应对焦虑

孩子常常过于担忧，导致他们难以集中注意力。有时，家长或医生只看到了他们的这一表现，从而误以为是注意力缺陷多动障碍的症状，故而使用兴奋剂来帮助孩子集中注意力。然而，这类药物可能会导致孩子胃痛或出现睡眠问题，甚至可能加重其焦虑症状。

还有的医生可能会为孩子开处如可乐定或盐酸胍法辛等药物。虽然它们能使孩子感到稍微放松，但并不直接针对焦虑症状进行治疗。

另外，一些医生可能会选择为焦虑儿童开处苯二氮䓬类药物。这类药物可能会带来暂时的缓解，但它们仅适合短期使用。长期使用可能会导致依赖，并在停药时出现戒断症状。特别是在青少年和青年人中，存在滥用或成瘾的风险。

参考文献

［1］世界卫生组织. ICD-11 精神、行为与神经发育障碍临床描述与诊断指南 [M]. 王振，黄晶晶，主译. 北京：人民卫生出版社，2023.

［2］施慎逊，张宁，司天梅，等.《中国焦虑障碍防治指南》第二版解读 [J]. 中华精神科杂志，2024，57（6）：327-336.

［3］格斯特. 情绪彩虹书：CBT 艺术疗愈完全手册：应对焦虑 [M]. 王建平，朱雅雯，李荔波，等译. 北京：中国人民大学出版社，2022.

［4］National Alliance on Mental Illness. Anxiety disorders[EB/OL].(2023-09-18)[2024-11-11]. https://www.nami.org/about-mental-illness/mental-health-conditions/anxiety-disorders/.

［5］American Psychiatric Association. Diagnostic and statistical manual of mental disorders[M]. 5th ed. Washington, DC: American Psychiatric Publishing, 2013.

［6］World Health Organization. Mental health of adolescents[EB/OL]. (2024-10-10)[2025-04-30]. https://www.who.int/news-room/fact-sheets/detail/adolescent-mental-health#:~:text=Emotional%20disorders%20are%20common%20among,and%20unexpected%20changes%20in%20mood.